单元10

圬工结构

- 学习目标

1. 掌握受压构件正截面承载力计算方法。
2. 了解受弯、直接受剪构件承载力计算方法。

- 本单元重点

受压构件正截面承载力计算方法。

- 本单元难点

受压构件正截面承载力计算方法。

圬工材料的共同特点是抗压强度大，而抗拉、抗剪性能较差，因此砌体构件常用于诸如拱桥的拱圈、涵洞、桥梁的重力式墩台、扩大基础等以承压为主的结构构件。根据压力合力作用点的位置，砌体构件可以分为轴心受压构件和偏心受压构件两大类。

本单元介绍砌体构件承载力计算。

10.1　受压构件正截面承载力计算

10.1.1　承载力计算

当构件承受轴心压力时，正截面上产生均匀压应力。

对于承受纵向力 N 的偏心受压构件，随着纵向力偏心距的变化，截面上的应力将不断变化，如图 10-1 所示。

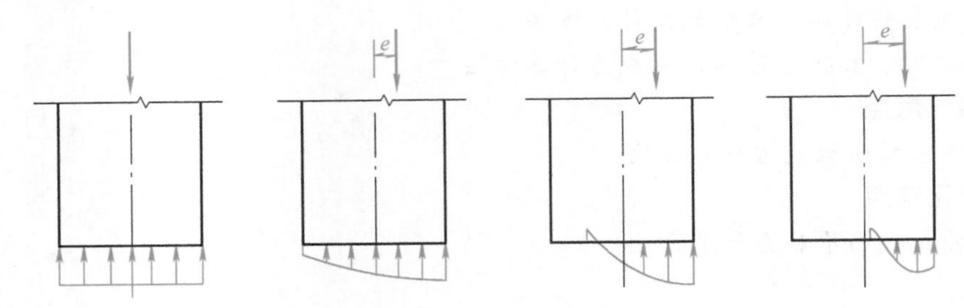

图 10-1　偏心受压时截面应力变化

当纵向力偏心距增大到一定时，由于砌体构件材料的弹塑性性质，截面中的应力呈曲线分布。当纵向力偏心距继续增大时，远离纵向力的截面边缘由受压逐渐变为受拉，一旦拉应力超过混凝土的抗拉强度或者砌体沿通缝的抗拉强度时，将出现水平裂缝，开裂部分的截面退出工作，从而使实际受力截面面积减小，且减少后的实际受压截面具有局部受压性质，其极限强度较轴心受压时有所提高。随着实际受力截面的减小，纵向力的偏心距也逐渐变小，在不断增加且偏心距减小了的纵向力作用下，减小的受力截面又将产生拉应力，导致新的裂缝；截面进一步减小，压应力继续增大，直至剩余截面面积减小到一定程度时，构件受力边出现竖向裂缝，最后导致构件破坏。

对于砌体受压构件（包括轴心受压和偏心受压构件），承载力计算统一按下式进行。

$$\gamma_0 N_{\mathrm{d}} \leqslant \varphi A f_{\mathrm{cd}} \tag{10-1}$$

式中　N_{d}——轴向力设计值；

A——构件截面面积，对于组合截面按强度比换算，即 $A=A_0+\eta_1 A_1+\eta_2 A_2+\cdots$，$A_0$ 为标准层截面面积；A_1、$A_2\cdots$为其他层截面面积，$\eta_1=f_{\mathrm{c1d}}/f_{\mathrm{c0d}}$、$\eta_2=f_{\mathrm{c2d}}/f_{\mathrm{c0d}}\cdots$，$f_{\mathrm{c0d}}$ 为标准层轴心抗压强度设计值，f_{c1d}、$f_{\mathrm{c2d}}\cdots$为组合截面中其他层的轴心抗压强度设计值；

f_{cd}——砌体轴心抗压强度设计值，按表 3-16～表 3-20 采用；对组合截面应采用标准层轴心抗压强度设计值；

φ——构件轴向力的偏心距 e 和长细比 β 对受压构件承载力的影响系数，按式

第四部分

单向偏心受压

$$\gamma_0 N_d \leqslant \varphi \frac{A f_{tmd}}{\frac{Ae}{W}-1} \tag{10-5}$$

双向偏心受压

$$\gamma_0 N_d \leqslant \varphi \frac{A f_{tmd}}{\left(\frac{Ae_x}{W_y}+\frac{Ae_y}{W_x}-1\right)} \tag{10-6}$$

式中　W——单向偏心时，构件受拉边缘的弹性抵抗矩，对于组合截面应按弹性模量比换算为换算截面弹性抵抗矩；

W_y、W_x——双向偏心时，构件 x 方向受拉边缘绕 y 轴的截面弹性抵抗矩和构件 y 方向受拉边缘绕 x 轴的截面弹性抵抗矩，对于组合截面应按弹性模量比换算为换算截面弹性抵抗矩；

f_{tmd}——构件受拉边层的弯曲抗拉强度设计值，按表 3-21 和表 3-22 采用；

e——单向偏心时的轴向力偏心距；

e_x、e_y——双向偏心时轴向力在 x 方向和 y 方向的偏心距。

按弹性模量比换算截面面积、弹性抵抗矩（或惯性矩）的计算方法，见式（10-4）注释。

如果验算结果不满足式（10-5）或式（10-6）的要求，必须重新设计截面。

【例】　试验算如图 10-3 所示矩形截面桥墩的承载力。已知该桥墩安全等级为二级，截面尺寸为 $b\times h=$ 1600mm×2400mm，采用 MU50 粗料石和 M7.5 砂浆砌筑，构件计算长度 $l_0=7.5$m，承受轴向力设计值 $N_d=4500$kN（基本组合），$e_x=400$mm，$e_y=960$mm。

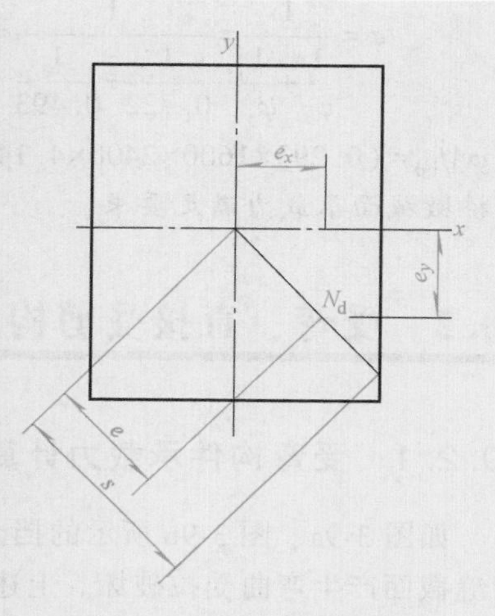

图 10-3　受压构件偏心距

【解】　查表 3-17，得 $f_{cd}=3.45\times1.2=4.14$MPa；查表 10-2，得 $\gamma_\beta=1.3$；查表 10-4，得偏心距限值为 0.6s。

1. 偏心距验算

根据几何关系，可得截面重心轴至偏心方向截面边缘的距离为

$$s=\frac{\sqrt{e_x^2+e_y^2}}{e_x}\times\frac{b}{2}=\left(\frac{\sqrt{400^2+960^2}}{400}\times\frac{1600}{2}\right)\text{mm}=2080\text{mm}$$

$$e=\sqrt{e_x^2+e_y^2}=\sqrt{400^2+960^2}\text{ mm}=1040\text{mm}<0.6s=0.6\times2080\text{mm}=1248\text{mm}$$

偏心距未超过限值，承载力按式（10-1）验算。

2. 承载力验算

$$i_y=b/\sqrt{12}=1600\text{mm}/\sqrt{12}=461.88\text{mm}$$

$$i_x=b/\sqrt{12}=2400\text{mm}/\sqrt{12}=692.82\text{mm}$$

$$\beta_x=\frac{\gamma_\beta l_0}{3.5 i_y}=\frac{1.3\times7500}{3.5\times461.88}=6.031$$

$$\beta_y=\frac{\gamma_\beta l_0}{3.5 i_x}=\frac{1.3\times7500}{3.5\times692.82}=4.021$$

$$\varphi_x=\frac{1-\left(\frac{e_x}{x}\right)^m}{1+\left(\frac{e_x}{x}\right)^2}\times\frac{1}{1+\alpha\beta_x(\beta_x-3)\left[1+1.33\left(\frac{e_x}{i_y}\right)^2\right]}$$

$$=\frac{1-\left(\frac{400}{800}\right)^{8.0}}{1+\left(\frac{400}{800}\right)^2}\times\frac{1}{1+0.002\times6.031\times(6.031-3)\times\left[1+1.33\times\left(\frac{400}{461.88}\right)^2\right]}=0.722$$

$$\varphi_y=\frac{1-\left(\frac{e_y}{y}\right)^m}{1+\left(\frac{e_y}{y}\right)^2}\times\frac{1}{1+\alpha\beta_y(\beta_y-3)\left[1+1.33\left(\frac{e_y}{i_x}\right)^2\right]}$$

$$=\frac{1-\left(\frac{960}{1200}\right)^{8.0}}{1+\left(\frac{960}{1200}\right)^2}\times\frac{1}{1+0.002\times4.021\times(4.021-3)\times\left[1+1.33\times\left(\frac{960}{692.82}\right)^2\right]}=0.493$$

$$\varphi=\frac{1}{\frac{1}{\varphi_x}+\frac{1}{\varphi_y}}=\frac{1}{\frac{1}{0.722}+\frac{1}{0.493}}=0.293$$

$$\varphi Af_{cd}=(0.293\times1600\times2400\times4.14)\text{N}=4657996.8\text{N}=4658\text{kN}>\gamma_0N_d=1.0\times4500\text{kN}=4500\text{kN}$$

该桥墩截面承载力满足要求。

10.2 受弯、直接受剪构件的承载力计算

10.2.1 受弯构件承载力计算

如图 3-9a、图 3-9b 所示的挡土墙均为受弯构件，在弯矩作用下砌体可能沿通缝截面或齿缝截面产生弯曲受拉破坏。上述构件的承载力计算公式为

$$\gamma_0M_d\leqslant Wf_{tmd} \tag{10-7}$$

式中 M_d——弯矩设计值；

W——截面受拉边缘的弹性抵抗矩，对于组合截面应按弹性模量比换算为换算截面受拉边缘弹性抵抗矩；

f_{tmd}——构件受拉边缘的弯曲抗拉强度设计值，按表 3-21 和表 3-22 采用。

10.2.2 直接受剪构件承载力计算

如图 3-9c 所示的拱脚处，在拱脚的水平推力作用下，桥台截面受剪。当拱脚处采用砖或砌块砌体时，可能产生沿水平通缝截面的受剪破坏；当拱脚处采用片石砌体时，则可能产生沿齿缝截面的受剪破坏。在受剪构件中，除水平剪力外，还作用有垂直压力。砌体构件的受剪试验表明，砌体沿水平缝的抗剪承载能力为砌体沿通缝的抗剪承载能力

及作用在截面上的垂直压力所产生的摩擦力之和。因此构件截面直接受剪时，其承载力计算可按下式进行。

$$\gamma_0 V_d \leqslant A f_{vd} + \frac{1}{1.4}\mu_f N_k \tag{10-8}$$

式中 V_d——剪力设计值；

A——受剪截面面积；

f_{vd}——砌体或混凝土抗剪强度设计值，按表3-21和表3-22采用；

μ_f——摩擦系数，采用$\mu_f=0.7$；

N_k——与受剪截面垂直的压力标准值。

警示园地——凤凰县沱江大桥垮塌事故

工程概况：

湖南凤凰县沱江大桥，是一座大型四跨石拱桥，长328m，每跨65m，高42m。

事故描述：

2007年8月13日下午4时45分左右，沱江大桥在施工修建过程中，第1跨突然垮塌，由于连拱效应第2、3、4孔朝第1跨方向相继倒塌。根据调查，事发当时，拱上腹拱已经全部建造结束，拱上填料也基本完成，拱下正在拆除剩余拱架，上下作业人员共124人，事故造成64死22伤，如图10-4所示。

图10-4 湖南凤凰县沱江大桥坍塌现场

事故原因：

经国务院事故调查组调查认定，这是一起严重的责任事故。由于施工、建设单位严重违反桥梁建设的法规标准，现场管理混乱、盲目赶工期，监理单位、质量监督部门严重失职，勘察设计单位服务和设计交底不到位，湘西自治州和凤凰县两级政府及湖南省交通厅、公路局等有关部门监管不力，致使大桥主拱圈砌筑材料未满足规范和设计要求，拱桥上部构造施工工序不合理，主拱圈砌筑质量差，降低了拱圈砌体的整体性和强度，随着上部施工荷载的不断增加，1号主拱圈所受应力不断增大，当主拱圈最薄弱部位强度达到破坏极限后，材料被压碎，拱圈失稳发生倒塌，进而引发连拱效应，出现连续倒塌。

小结

1. 砌体轴心受压构件和偏心受压构件正截面承载力均按下式计算：

$$\gamma_0 N_d \leqslant \varphi A f_{cd}$$

当偏心距超过限值时，构件承载力应按下列公式计算：

单向偏心受压
$$\gamma_0 N_d \leqslant \varphi \frac{A f_{tmd}}{\frac{Ae}{W}-1}$$

双向偏心受压
$$\gamma_0 N_d \leqslant \varphi \frac{A f_{tmd}}{\left(\frac{Ae_x}{W_y}+\frac{Ae_y}{W_x}-1\right)}$$

2. 受弯构件承载力计算公式为

$$\gamma_0 M_d \leqslant W f_{tmd}$$

3. 直接受剪构件承载力计算公式为

$$\gamma_0 V_d \leqslant A f_{vd}+\frac{1}{1.4}\mu_f N_k$$

思考题

10-1 偏心受压构件为何要进行偏心距的验算？

10-2 偏心受压构件正截面承载力计算的一般步骤是什么？

10-3 如何进行直接受剪构件的承载力计算？

习题

已知截面为 $b\times h=1200\text{mm}\times 2000\text{mm}$ 的桥墩，安全等级为二级，采用 MU60 粗料石和 M10 水泥砂浆砌筑，桥墩高 $H=7\text{m}$，两端铰支，轴向压力偏心距为 $e_x=400\text{mm}$、$e_y=960\text{mm}$。试求该桥墩在作用基本组合条件下能承受的轴向压力。

单元11

钢-混凝土组合构件

- **学习目标**

了解钢管混凝土及钢-混凝土组合梁的基本概念及主要构造要求。

- **本单元难点**

钢管混凝土及钢-混凝土组合梁的主要构造要求。

钢-混凝土组合构件是采用钢材和混凝土组合，并通过可靠措施使之形成整体受力的具有良好工作性能的结构构件。

钢-混凝土组合构件能按照构件受力性质，将钢和混凝土在截面上进行合理布置，充分发挥钢和混凝土材料各自的优点，因而具有承载力高、刚度大、延性好的结构性能和良好的技术经济效益。

钢-混凝土组合构件在工程中多用于受弯、轴心受压和偏心受压等情况。其在截面布置上分为两类：一类是钢材外露，如钢-混凝土组合梁和钢管混凝土柱；另一类是钢材埋置在混凝土内，如劲性钢筋混凝土梁、柱等。本单元简要介绍钢管混凝土受压构件和钢混凝土组合梁的受力特性和一般构造规定。

11.1 钢管混凝土构件

11.1.1 钢管混凝土构件的基本概念

钢管混凝土构件是由薄壁钢管和填入其内的混凝土组成（图 11-1）。钢管可采用直缝焊接钢管、螺旋形焊接钢管和无缝钢管；混凝土一般采用普通混凝土。钢管混凝土常用于以受压为主的构件，如轴心受压构件、偏心受压构件等。

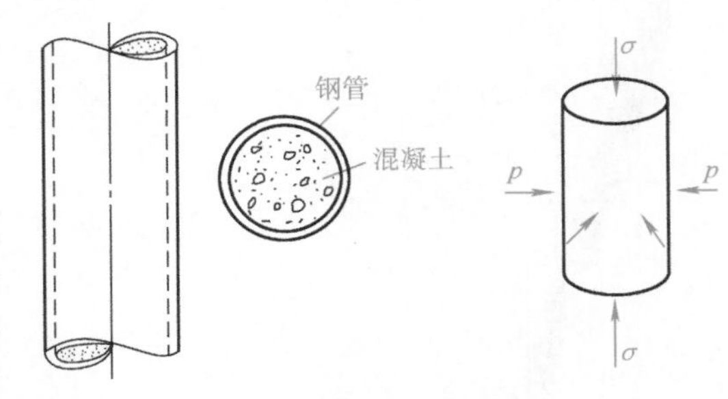

图 11-1　钢管混凝土

钢管混凝土的基本原理是借助于钢管对核心混凝土的约束强化作用，使核心混凝土处于三向受压状态，使之具有更高的抗压强度和变形能力。同时，借助于内填混凝土增强了钢管壁的局部稳定性。

钢管混凝土除了具有一般套箍混凝土强度高、重量轻、耐疲劳、耐冲击等优点外，在施工工艺方面还具有下列优点：

1）钢管本身可以作为内填混凝土的模板。

2）钢管兼有纵向钢筋和横向箍筋的作用。

3）钢管本身又是承重骨架。

理论分析和实践表明，钢管混凝土结构与钢结构相比，在保持自重相近和承载力相同的条件下，可节约钢材约 50%，焊接工作量也大大减少；与普通钢筋混凝土结构相比，构件的横截面面积可减少约 50%。

钢管混凝土主要用于大跨度、重载及有抗震要求的结构。

11.1.2 钢管混凝土受压构件的受力性能

钢管混凝土受压构件按长细比不同可分为短柱、长柱；按轴向压力作用点不同可分为轴心受压构件和偏心受压构件。

1. 轴心受压短柱

对于径厚比 $D/t \geqslant 20$ 的薄壁钢管混凝土轴心受压短柱，其典型的 N（荷载）-ε_c（混凝土应变）曲线如图 11-2 所示。在较小荷载作用下，$N\text{-}\varepsilon_c$ 大致为一直线，当荷载增加至 B 点时，钢管开始屈服，由 B 点开始，曲线明显偏离初始的直线，显露出塑性的特点。直到 C 点处，荷载达到最大值。随后曲线进入下降阶段，在曲线下降过程中，钢管被胀裂，出现纵向裂缝而完全破坏。

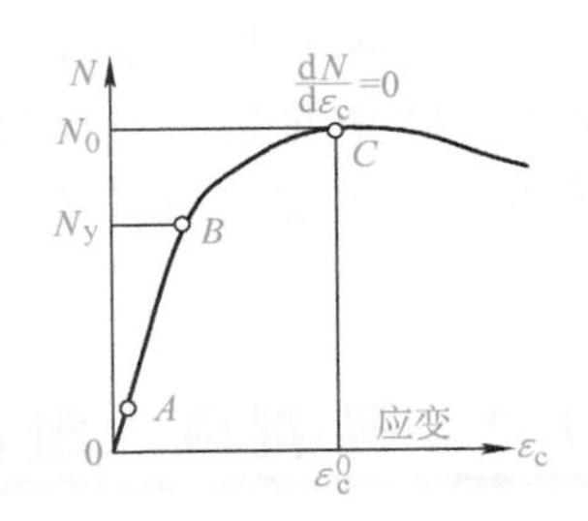

图 11-2　薄壁钢管混凝土短柱的 $N\text{-}\varepsilon_c$ 曲线

钢管混凝土柱在荷载作用下的应力状态十分复杂。最简单的情况是荷载仅作用在核心混凝土上，钢管不直接承受纵向压力。一般情况下是钢管与核心混凝土共同承担荷载，更多的情况是钢管先于核心混凝土承受预压应力。上述三种不同的加载方式对钢管混凝土柱的极限承载力的影响不甚明显。试验表明，含钢率（钢管截面面积与核心混凝土截面积之比）、混凝土强度及加载速度等对 $N\text{-}\varepsilon_c$ 曲线的形状有明显影响。

在图 11-2 中，B 点的荷载为屈服荷载（用 N_y 表示），C 点的荷载为极限荷载或极限承载力 N_0，相应的混凝土应变为极限应变（用 ε_c^0 表示）。试验表明，钢管混凝土的极限承载力比钢管与核心混凝土柱体两者的极限承载力之和大，大致相当于两根钢管的承载力与核心混凝土柱体承载力之和，混凝土的极限应变 ε_c^0 也比普通混凝土大得多。

试验表明，钢管混凝土柱在工作中处于纵向受压、环向受拉的双向受力状态，而核心混凝土处于三向受压状态。当双向受力的钢管处于弹性阶段时，钢管混凝土的体积变化不大。当钢管达到屈服而开始塑流后，钢管混凝土的体积因核心混凝土微裂缝的发展而急剧增长。钢管的环向拉应力不断增大，纵向压应力相应不断减小。在钢管与核心混凝土之间产生纵向压力的重分布：一方面钢管承受的压力减小，另一方面，核心混凝土因受到较大的约束而具有更高的抗压强度。钢管由主要承受纵向压应力转变为主要承受环向拉应力。最后，当钢管和核心混凝土所承担的纵向压力之和达到最大值时，钢管混凝土即告破坏。

2. 轴心受压长柱和偏心受压构件

试验表明，钢管混凝土轴心受压柱的纵向变形，从加载的初始阶段开始就是不均匀的，柱的轴线显现出弯曲的特征。在接近极限荷载时，弯曲幅度加剧。随着长细比的增大，极限应变急剧减少，承载力（最大荷载）迅速下降。

钢管混凝土偏心受压构件，即使在偏心距很大的情况下，钢管受压区的边缘纤维均达到屈服，另一侧的边缘纤维则视偏心率和长细比的不同，或处于弹性阶段的受压状态，或处于弹性阶段的受拉状态，或处于塑性阶段的受拉状态。极限承载力随偏心率和长细比的增大而迅速降低。

11.1.3　构造要求

钢管可采用直缝钢管、螺旋形焊接钢管和无缝钢管。焊接必须采用对接焊缝，并达到与母材等强的要求。

混凝土采用普通混凝土，其强度等级不宜低于 C30。

钢管外径不宜小于 300mm，管壁厚度不宜小于 10mm。

钢管外径与壁厚比值 d/t，宜小于 90，卷制焊直缝管宜大于 40，防止空钢管受力时管壁发生局部失稳。

钢管混凝土的套箍指标 θ 宜限制在 0.3～3 范围内。对于套箍指标 $\theta \geqslant 0.3$ 的规定，是为了防止混凝土等级过高时，可能会出现钢管的套箍能力不足而引起脆性破坏；对于 $\theta<3$ 的规定是为了防止因混凝土强度等级过低而使构件在使用荷载作用下产生塑性变形。

11.2 钢-混凝土组合梁

11.2.1 基本概念和特点

把钢梁和钢筋混凝土板以剪力连接件连接起来形成整体而共同工作的受弯构件称为钢-混凝土组合梁。其中的剪力连接件是钢筋混凝土板与钢梁共同工作的基础，它设置在钢筋混凝土与钢梁的结合面上。

与钢板梁相比，钢-混凝土组合梁的特点是：

1）充分发挥了钢材和混凝土材料各自的材料特性。在简支梁的情况下，钢-混凝土组合梁截面上混凝土主要受压而钢梁主要受拉。

2）节约钢材。因钢筋混凝土板参与钢板梁的共同工作，提高了梁的承载力，减小了钢板梁上翼板的截面，节约了钢材。一般组合梁比钢板梁节约钢材约 20%～40%。

3）增大了梁的刚度。因钢筋混凝土板参加工作，组合梁的计算截面比钢板梁大，如此便增加了梁的刚度，减小主梁的挠度约 20%。

4）组合梁的受压翼板为较宽的钢筋混凝土板，增强了梁的侧向刚度，防止在使用荷载作用下扭曲失稳。

5）组合梁可利用已安装好的钢梁支模板，后浇筑混凝土板。

6）组合梁桥在可变作用下比全钢梁桥的噪声小，特别适合在城市中的组合梁桥。

11.2.2 组合梁的截面形式

钢-混凝土组合梁常用的截面形式如图 11-3 所示。

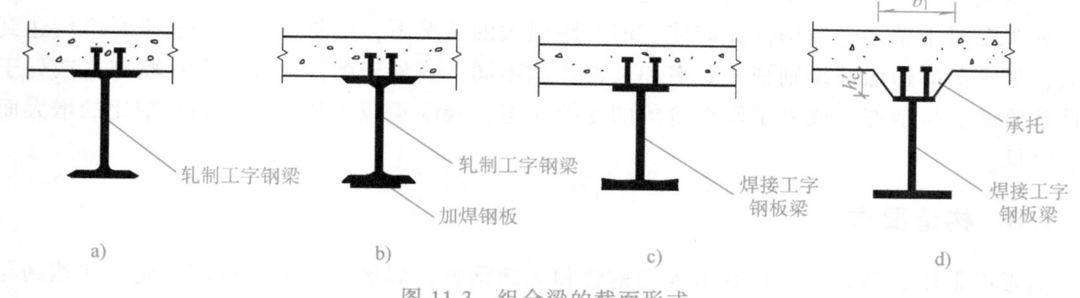

图 11-3 组合梁的截面形式

承受较小荷载的组合梁，钢梁一般采用轧制的工字钢（图 11-3a）；当荷载稍大时，可在轧制工字钢的下翼板上加焊一块钢板（图 11-3b）；对于承受较大荷载的组合梁，可采用焊接工字形钢板梁（图 11-3c、d）。对于焊接工字形钢板梁截面，在满足布置剪力连接件的要求下，应采用上翼板窄下翼板宽的形式。

11.2.3 剪力连接件的种类

剪力连接件是保证钢-混凝土组合梁整体工作的重要措施，主要用来承受钢筋混凝土桥面板接触面之间的纵向剪力，抵抗两者之间的相对滑移，另外还抵抗钢筋混凝土板与钢梁之间的掀起作用。

剪力连接件的主要类型有焊钉连接件、开孔板连接件、型钢连接件和钢筋连接件等（图 11-4）。其中，焊钉连接件和钢筋连接件属于柔性连接件，开孔板连接件和型钢连接件属于刚性连接件。目前工程上最常用的是焊钉连接件和开孔板连接件，本节只介绍这两种剪力连接件。

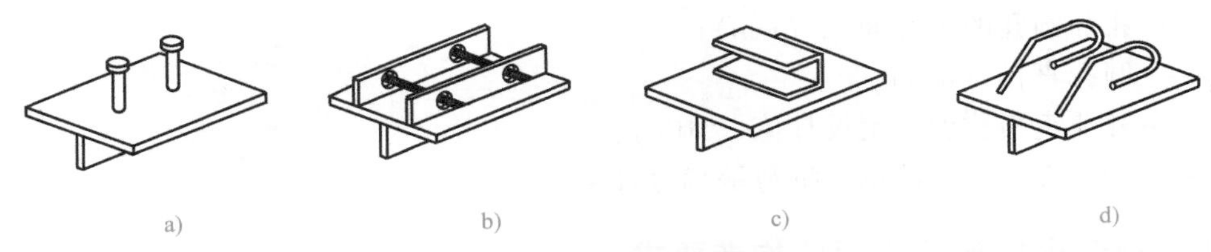

图 11-4 剪力连接件的主要类型

a）焊钉连接件 b）开孔板连接件 c）型钢连接件 d）钢筋连接件

（1）焊钉连接件 焊钉连接件又称栓钉连接件，是目前广为采用的一种机械连接件。它依靠杆身根部受压承受组合梁混凝土板与钢梁结合面的作用剪力，依靠圆柱头承受拉拔力。焊钉产品的栓杆直径一般为 12～25mm，桥梁上常用直径为 22～25mm。为抵抗掀起作用，焊钉上端做成大头，称为掀起端，其直径通常不小于焊钉直径的 1.5 倍。

（2）开孔板连接件 开孔板连接件是指沿着受力方向布置的设有圆孔的钢板，依靠孔中的混凝土和孔中的贯通钢筋承担钢与混凝土结合面的作用剪力及拉拔力。钢板的圆孔可以贯通主钢筋，不影响钢筋的布置。与焊钉连接件相比，其抗剪强度和抗疲劳性能都得以提高。

11.2.4 剪力连接件的构造要求

1. 焊钉连接件

焊钉的长度不宜过小，否则不能保证连接件有足够的抗拉拔作用，且焊钉连接件的抗剪承载力不能充分发挥，因此，《钢桥规范》规定，焊钉的长度应不小于焊钉直径的 4 倍，当有直接拉拔力作用时不宜小于焊钉直径的 10 倍。

焊钉直径与焊接处钢板厚度之比过大，会导致钢板因焊接造成显著的变形，不利于钢梁的施工和运营阶段的稳定性。《钢桥规范》规定，焊钉直径不宜大于焊接处钢板厚度的 1.5 倍。

焊钉连接件剪力作用方向中心间距不应小于焊钉直径的 5 倍，且不应小于 100mm；剪力作用直角方向中心距离不宜小于焊钉直径的 4 倍。焊钉连接件的外侧边缘至钢板自由边缘的距离不应小于 25mm。

焊钉连接件的最大中心距应符合下列规定：

1）圆柱头焊钉连接件剪力作用方向中心间距不应大于 $18t_f\sqrt{345/f_y}$，t_f 为焊接位置处的钢板厚度。

2）受压钢板边缘与相邻最近的焊钉连接件边缘距离不应大于 $7t_f\sqrt{345/f_y}$。

3）焊钉连接件的最大中心间距不宜大于 3 倍混凝土板厚度且不宜大于 300mm。

2. 开孔板连接件

开孔板连接件的钢板厚度不宜小于 12mm，开孔板孔径不宜小于贯通钢筋与最大骨料粒径之和。贯通钢筋应采用螺纹钢筋，其直径不宜小于 12mm。当开孔板连接件多列布置时，其横向间距不宜小于开孔板高度的 3 倍。

圆孔最小中心间距应符合下列规定：

$$f_{vd}t(l-d_p)\geq V_{su}$$

式中 t——开孔板连接件的钢板厚度（mm）；

l——相邻圆孔的中心间距（mm）；

d_p——圆孔直径（mm）；

f_{vd}——开孔钢板抗剪强度设计值（MPa）；

V_{su}——开孔板连接件的单孔抗剪承载力（N）。

11.2.5 组合梁中混凝土板的构造要求

1. 混凝土板

当主梁横向间距较大时，混凝土板可根据需要设置承托，以提高组合梁截面抗弯承载力和纵向刚度，同时提高混凝土板的横向抗弯承载力。

混凝土承托的尺寸应符合下列要求（图 11-5）：承托高度 h_{c2} 不宜大于混凝土板厚度 h_{c1} 的 1.5 倍，承托宽度不宜小于 $b_t+1.5h_{c2}$（其中 b_t 为钢梁上翼缘板宽度）；承托边至剪力连接件的外侧的距离不得小于 40mm；承托外形轮廓应在由连接件根部起的 45°角线的界限（图 11-5 所示虚线）以外。

边梁混凝土板的（横向）外伸长度应符合下列要求：设置承托时（图 11-6a），外伸出长度不宜小于承托高度 h_{c2}；未设置承托时（图 11-6b），伸出边缘钢梁中心线不小于 150mm，同时伸出边梁钢梁上翼缘板侧边不小于 50mm。

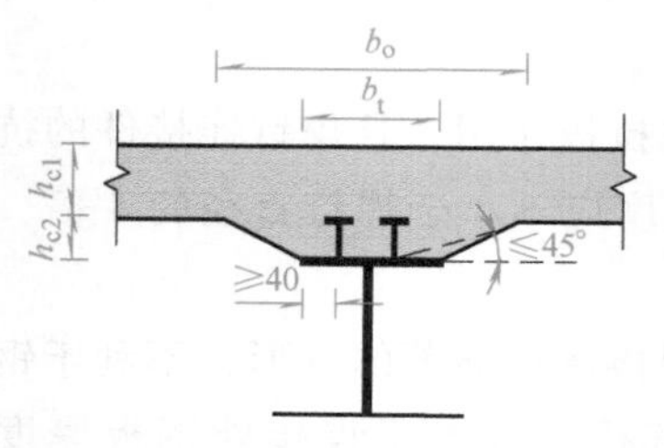

图 11-5 设置承托的混凝土板

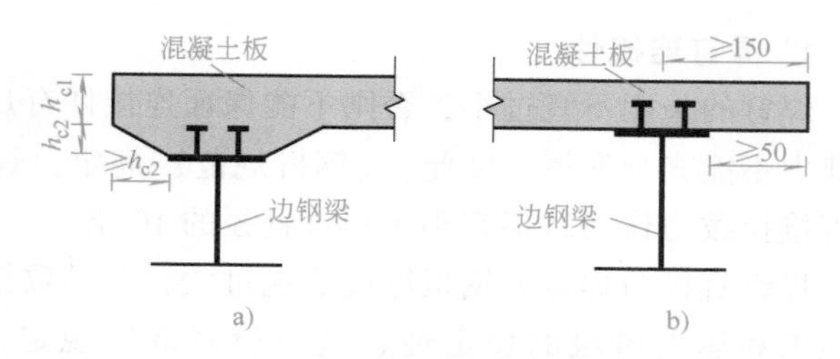

图 11-6 边梁外伸混凝土板

2. 混凝土板中的纵、横向钢筋

长度方向与梁跨径方向一致的钢筋为纵向钢筋，长度方向与梁跨径方向垂直的钢筋为横向钢筋。组合梁的混凝土桥面板中应布置足够的纵向钢筋和横向钢筋，一方面是为了满足组合梁整体受力和局部受力要求，另一方面是考虑到组合梁混凝土板受到混凝土收缩、徐变作用的影响。实际工程中，一般在组合梁的混凝土板截面顶部和底部分别布置两层钢筋网，每层钢筋网由相应的纵向钢筋和横向钢筋组成。

（1）横向钢筋 对未设置承托的混凝土板（图 11-7a），下层横向钢筋距钢梁上翼缘板顶面不应大于 50mm；剪力连接件抗掀起端底面高出下层横向钢筋的距离 h_{c0} 不得小于 30mm，以保证剪力连接件可靠工作并具有充分的抗掀起能力；下层横向钢筋间距不应大于 $4h_{c0}$ 且不应大于 300mm。

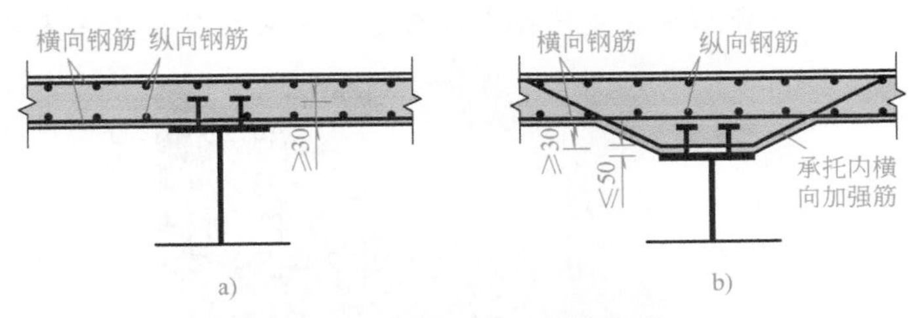

图 11-7 混凝土板的横向钢筋

对设置承托的混凝土板，当承托高度超过 80mm 时，应在承托底侧布置横向加强钢筋（图 11-7b），其构造要求与未设置承托的混凝土板下层横向钢筋的要求相同。

混凝土板中垂直于主梁方向的横向钢筋（属于混凝土板的受力钢筋）可作为纵向抗剪的横向钢筋；穿过纵向抗剪界面的横向钢筋应可靠锚固于混凝土中。

依据横向钢筋的受力性质、布置位置和作用，混凝土板横向钢筋应满足相应的最小配筋率要求，具体参见有关文献。

（2）纵向钢筋 在连续组合梁中间支座负弯矩区，混凝土板上层纵向受拉钢筋应伸过梁的反弯点，并满足锚固长度要求；混凝土板下层纵向钢筋应在支座处连续配置，不得中断。

负弯矩区混凝土板纵向受拉钢筋的截面配筋率不应小于 1.5%，混凝土板下层钢筋的截面面积不宜小于截面总钢筋截面积的 50%。

3. 混凝土板中的横向加强钢筋

组合梁的端部和支座附近的混凝土桥面板承受纵向剪力、横向剪力和横向弯矩等的复合作用，局部范围内混凝土板应力分布复杂，因此对这部分区段的混凝土板应配置横向加强的平面斜钢筋（图 11-8），以承担剪力和主拉应力以及混凝土收缩和温差作用产生的应力。

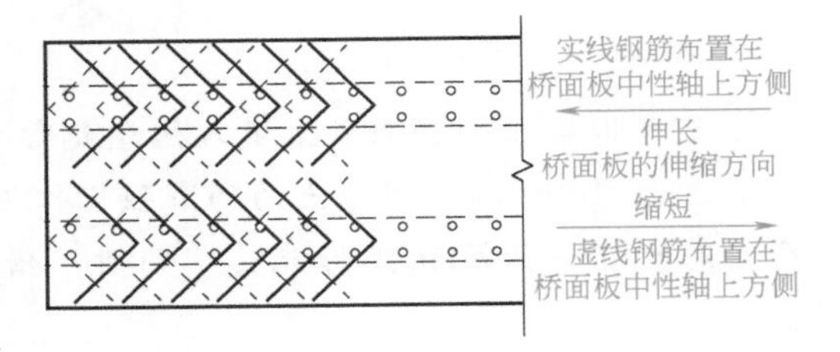

图 11-8 横向加强的平面斜钢筋

横向加强的平面斜钢筋宜布置在混凝土板截面中性轴附近，且钢筋的方向应与混凝土板的伸缩变形方向一致。其设置范围宜为主梁钢腹板间距的 50%～100%；钢筋直径不宜小于 16mm，间距不宜大于 150mm，长度宜接近混凝土板的全宽。

警示园地——哈尔滨阳明滩大桥引桥坍塌事故

工程概况：

阳明滩大桥位于哈尔滨市西部松花江干流上，因主桥穿越松花江阳明滩岛而得名。工程于 2009 年 12 月 5 日开工建设，2011 年 11 月 6 日建成通车，估算总投资 18.82 亿元，为黑龙江省第一座钢-混凝土组合梁结构自锚式悬索双塔跨江桥。

事故描述：

2012年8月24日5时30分左右，哈尔滨阳明滩大桥引桥——三环路群力高架桥洪湖路分离式匝道发生断裂，如图11-9所示。坍塌大梁长为130m左右，属于整体垮塌，致使4辆大货车坠桥。侧翻的部分大货车驾驶室已完全被砸扁。事故当日造成3人死亡、5人受伤。

图11-9　哈尔滨阳明滩大桥引桥坍塌现场

事故原因：

根据专家组分析意见、检测检验机构检验结论和调查组调查取证认定，事故直接原因是崔劲驾驶超载货车，雷学东、洪熙桐、朱志勇驾驶擅自改变机动车外形和技术数据的严重超载车辆，在121.96m的长梁体范围内同时集中靠右侧行驶，造成匝道钢-混连续叠合梁一侧偏载受力严重超载荷，而导致匝道倾覆。

多位路桥专家认为将原工程设计中的混凝土结构改为钢-混结构，导致结构的稳定性变差，也是桥梁坍塌原因之一。除此之外，独柱墩的设计结构导致桥梁平衡性差，因此事发时4辆车的重量压在一侧，桥梁失去平衡而垮塌。

小　结

1. 钢管混凝土是将混凝土填入薄壁钢管内，形成一个整体共同受力的结构，其工作原理是借助于钢管对核心混凝土的约束强化作用，使核心混凝土处于三向受压状态，使混凝土具有更高的抗压强度和变形能力。同时，借助于内填的混凝土增强了钢管管壁的局部稳定性。

2. 钢-混凝土组合梁是将钢梁与钢筋混凝土板，以剪力连接件可靠连接起来，形成整体共同工作的受弯构件。

思　考　题

11-1　钢-混凝土组合梁的特点是什么？

11-2　剪力连接件的常用种类有哪些？

11-3　组合梁中混凝土板的构造要求是什么？

参考文献

[1] 胡兴福. 建筑结构［M］. 4版. 北京：中国建筑工业出版社，2018.

[2] 黄平明，毛瑞祥. 结构设计原理［M］. 北京：人民交通出版社股份有限公司，1999.

[3] 贾艳敏，高力. 结构设计原理［M］. 北京：人民交通出版社股份有限公司，2004.

[4] 叶见曙. 结构设计原理［M］. 4版. 北京：人民交通出版社股份有限公司，2018.

[5] 袁国干. 配筋混凝土结构设计原理［M］. 上海：同济大学出版社，1995.

[6] 陈忠汉，胡夏闽. 组合结构设计［M］. 北京：中国建筑工业出版社，2000.

[7] 孙元桃. 结构设计原理［M］. 北京：人民交通出版社股份有限公司，2002.

[8] 胡师康. 结构设计原理［M］. 北京：人民交通出版社股份有限公司，1996.

[9] 李晓文. 钢筋混凝土结构［M］. 北京：中国建筑工业出版社，2003.

[10] 周志祥. 高等钢筋混凝土结构［M］. 北京：人民交通出版社股份有限公司，2002.

参考文献

[1] [illegible]. [illegible] [M]. [illegible]. 北京：中国建筑工业出版社，2018.
[2] [illegible] [M]. 北京：人民交通出版社 [illegible]，1999.
[3] [illegible]. [illegible] [M]. 北京：人民交通出版社 [illegible]，2004.
[4] [illegible] [M]. [illegible] 北京：[illegible] 出版社 [illegible]，2015.
[5] [illegible] [M]. [illegible]：同济大学出版社，1997.
[6] [illegible] [M]. 北京：中国建筑工业出版社，[illegible].
[7] [illegible] [M]. [illegible]：人民交通出版社 [illegible]，[illegible].
[8] [illegible] [M]. 北京：人民交通出版社 [illegible].
[9] [illegible] [M]. 北京：中国建筑工业出版社，2003.
[10] [illegible] [M]. [illegible]：人民交通出版社 [illegible]，2006.

（10-2）计算。

$$\varphi=\frac{1}{\dfrac{1}{\varphi_x}+\dfrac{1}{\varphi_y}} \tag{10-2}$$

式中　φ_x、φ_y——分别为 x 方向和 y 方向偏心受压构件承载力影响系数，按式（10-3）、式（10-4）计算。

$$\varphi_x=\frac{1-\left(\dfrac{e_x}{x}\right)^m}{1+\left(\dfrac{e_x}{x}\right)^2}\times\frac{1}{1+\alpha\beta_x(\beta_x-3)\left[1+1.33\left(\dfrac{e_x}{i_y}\right)^2\right]} \tag{10-3}$$

$$\varphi_y=\frac{1-\left(\dfrac{e_y}{y}\right)^m}{1+\left(\dfrac{e_y}{y}\right)^2}\times\frac{1}{1+\alpha\beta_y(\beta_y-3)\left[1+1.33\left(\dfrac{e_y}{i_x}\right)^2\right]} \tag{10-4}$$

式中　x、y——分别为 x 方向、y 方向截面重心至偏心方向的截面边缘的距离，如图 10-2 所示；

e_x、e_y——轴向力在 x 方向、y 方向的偏心距，$e_x=M_{yd}/N_d$、$e_y=M_{xd}/N_d$，其中 M_{yd}、M_{xd} 分别为绕 x 轴、y 轴的弯矩设计值，N_d 为轴向力设计值，如图 10-2 所示；

m——截面形状系数，对于圆形截面取 2.5，对于 T 形或 U 形截面取 3.5，对于箱形截面或矩形截面（包括两端设有曲线形或圆弧形的矩形墩身截面）取 8.0；

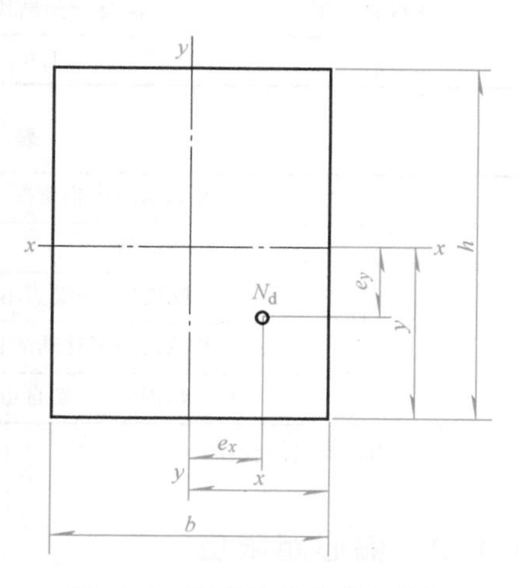

图 10-2　砌体构件的偏心受压

i_x、i_y——弯曲平面内的截面回转半径，$i_x=\sqrt{\dfrac{I_x}{A}}$，$i_y=\sqrt{\dfrac{I_y}{A}}$（其中，$I_x$、$I_y$ 分别为截面绕 x 轴和绕 y 轴的惯性矩，A 为截面面积；对于组合截面，A、I_x、I_y 应按弹性模量比换算，即 $A=A_0+\psi_1A_1+\psi_2A_2+\cdots$，$I_x=I_{0x}+\psi_1I_{1x}+\psi_2I_{2x}+\cdots$，$I_y=I_{0y}+\psi_1I_{1y}+\psi_2I_{2y}+\cdots$，$A_0$ 为标准层截面面积，A_1、$A_2\cdots$为其他层的截面面积；I_{0x}、I_{0y} 为绕 x 轴和绕 y 轴的标准层惯性矩，I_{1x}、$I_{2x}\cdots$和 I_{1y}、$I_{2y}\cdots$为绕 x 轴和绕 y 轴的其他层惯性矩；$\psi_1=E_{m1}/E_{m0}$，$\psi_2=E_{m2}/E_{m0}\cdots$，$E_{m0}$ 为标准层弹性模量，E_{m1}、$E_{m2}\cdots$为其他层的弹性模量，各类砌体受压弹性模量 E_m 见表 10-1），对于矩形截面，$i_y=b/\sqrt{12}$，$i_x=h/\sqrt{12}$，b、h 如图 10-2 所示；

α——与砂浆强度等级有关的系数，当砂浆强度等级大于或等于 M5 或为组合构件时，α 为 0.002，当砂浆强度为 0 时，α 为 0.013；

β_x、β_y——构件在 x 方向、y 方向的长细比，$\beta_x=\frac{\gamma_\beta l_0}{3.5i_y}$，$\beta_y=\frac{\gamma_\beta l_0}{3.5i_x}$（当 β_x、β_y 小于 3 时取 3，γ_β 为不同砌体材料构件的长细比修正系数，按表 10-2 取用；l_0 为构件计算长度，按表 10-3 取用。

表 10-1　各类砌体受压弹性模量 E_m　（单位：MPa）

砌体种类	砂浆强度等级				
	M20	M15	M10	M7.5	M5
混凝土预制块砌体	$1700f_{cd}$	$1700f_{cd}$	$1700f_{cd}$	$1600f_{cd}$	$1500f_{cd}$
粗料石、块石、片石砌体	7300	7300	7300	5650	4000
细料石、半细料石砌体	22000	22000	22000	17000	12000
小石子混凝土砌体	$2100f_{cd}$				

注：f_{cd} 为砌体轴心抗压强度设计值。

表 10-2　长细比修正系数 γ_β

砌体材料类别	混凝土预制块砌体	细料石、半细料石砌体	粗料石、块石、片石砌体
γ_β	1.0	1.1	1.3

表 10-3　构件计算长度 l_0

构件及其两端约束情况		计算长度 l_0
直　杆	两端固结	$0.5l$
	一端固定，一端为不移动的铰	$0.7l$
	两端均为不移动的铰	$1.0l$
	一端固定，一端自由	$2.0l$

注：l——构件支点间长度。

10.1.2　偏心距限值

试验表明，当荷载的偏心距较大时，随荷载的增加，在构件中部截面受拉边会出现水平裂缝，截面受压区逐渐减小，截面刚度相应削弱，纵向弯曲的不利影响随之增大，使得构件的承载能力显著降低。这时不仅结构不安全，而且材料强度的利用率很低，也不经济。

为了控制裂缝的出现和开展，也为了保证截面的稳定性，应对偏心距 e 值有所限制。《圬工桥涵规范》规定，砌体构件的受压偏心距 e 的限值应符合表 10-4 的规定。

表 10-4　受压构件偏心距限值

作用组合	偏心距限值 e
基本组合	$\leqslant 0.6s$
偶然组合	$\leqslant 0.7s$

注：表中 s 为截面或换算截面重心轴至偏心方向截面边缘的距离，如图 10-3 所示。

当偏心距超过表 10-4 的限值时，构件承载力应按下式计算。